BEI GRIN MACHT SICH IHR
WISSEN BEZAHLT

Bibliografische Information der Deutschen Nationalbibliothek:

Die Deutsche Bibliothek verzeichnet diese Publikation in der Deutschen National-bibliografie; detaillierte bibliografische Daten sind im Internet über http://dnb.d-nb.de/ abrufbar.

Impressum:

Copyright © 2017 GRIN Verlag
Druck und Bindung: Books on Demand GmbH, Norderstedt Germany
ISBN: 9783668641440

Dieses Buch bei GRIN:

https://www.grin.com/document/413157

Sebastian Schummer

Sternentod. Wie Sterne ihr Leben beenden

Der Lebenszyklus eines Sterns

GRIN Verlag

GRIN - Your knowledge has value

Der GRIN Verlag publiziert seit 1998 wissenschaftliche Arbeiten von Studenten, Hochschullehrern und anderen Akademikern als eBook und gedrucktes Buch. Die Verlagswebsite www.grin.com ist die ideale Plattform zur Veröffentlichung von Hausarbeiten, Abschlussarbeiten, wissenschaftlichen Aufsätzen, Dissertationen und Fachbüchern.

Besuchen Sie uns im Internet:

http://www.grin.com/

http://www.facebook.com/grincom

http://www.twitter.com/grin_com

S E M I N A R A R B E I T

Rahmenthema des Wissenschaftspropädeutischen Seminars:
Sterne – Leuchtfeuer im All und Ursprung des Lebens
Leitfach: Physik

Thema der Arbeit:

Sternentod – Wie Sterne ihr Leben beenden

Verfasser/in:
Sebastian Schummer

Abgabetermin: 07. November 2017

Abgegeben:

Inhalt

Abbildungen

1. Was sind Sterne und wie endet ihr Leben?

Wenn wir in einer klaren Sommernacht, ohne Wolken, an den Himmel sehen, erblicken wir einen ganzen Teppich voller heller Punkte an unserem Nachthimmel. Diese leuchtenden Punkte sind Sterne, die aufgrund ihrer extrem hohen Oberflächentemperatur UV-Wellen absondern, welche bei uns auf der Erde als Licht ankommen. In der Nacht ist die Einstrahlung von unserem Zentralstern, der Sonne so gering, dass es uns möglich ist, die anderen Sterne in unserer Galaxis zu sehen. Doch wieso gibt es eigentlich Sterne? Warum sind sie so heiß und besitzen diese extreme Leuchtkraft, mit der sie über viele Milliarden Kilometern ihr Licht bis zu uns auf die Erde senden? Was ist, wenn so ein Stern mal nicht mehr leuchten kann? Wie sieht das Ende eines Sterns aus? All diese Fragen werde ich im Folgenden versuchen zu beantworten.

Aber die wohl wichtigste Frage ist doch, was passiert, wenn unsere Sonne ihrem Lebensende entgegengeht. Wann wird dies der Fall sein und ist es dann noch möglich auf unserer Erde zu leben, oder wird diese von der Sonne zerstört?

2. Warum sterben Sterne?

2.1 Was ist ein Stern?

Wie funktioniert ein Stern? Was ist eigentlich genau ein Stern? Ist alles was am Himmel leuchtet ein Stern? „Sterne [...] sind [...] näherungsweise kugelförmige Ansammlung von ionisiertem Gas, das durch thermonukleare Fusionsprozesse Energie vor allem in Form von elektromagnetischer Strahlung freisetzt." [1] Außerhalb der Astrophysik gibt es auch die Definition, dass jeder Leuchtende Himmelskörper ein Stern ist, den man mit dem menschlichen Auge sehen kann. So würden allerdings manche nahegelegenen Planeten ebenfalls als Sterne gelten, obwohl sie keinerlei Fusionsprozesse durchführen. Im Zentrum eines Sterns ist immer ein Kern. An diesem Punkt herrscht auch die höchste Temperatur des Sterns und dort befindet sich der Hauptplatz der thermonuklearen Kernfusion. Größere oder ältere Sterne können Schalen um den Kern bilden. In diesen Schalen finden Fusionsprozesse statt, die bei geringeren Temperaturen ablaufen.

Abbildung 1: Aufbau eines Sterns mit einer Masse von beispielsweise 25M$_\odot$

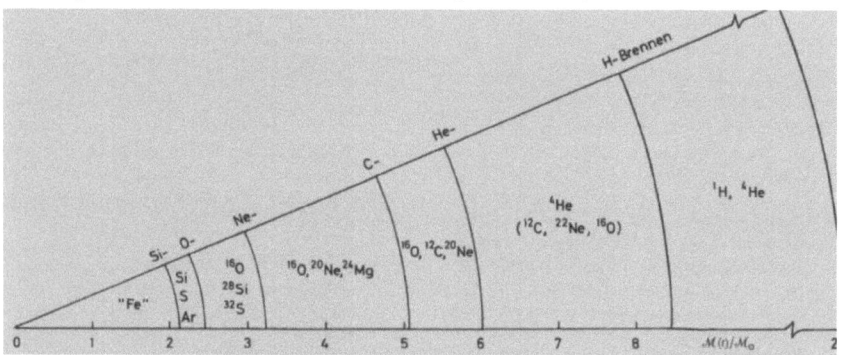

So kommt bei einem alten Riesenstern zunächst der Eisenkern. Um diesen herum sind die Schalen, in welchen die Fusionsprozesse ablaufen. Die Siliziumfusion, welche eine Temperatur von 5 Milliarden Kelvin benötig ist folglich in der nächsten Schale am Kern und die Wasserstofffusion, welche die niedrigste Temperatur benötigt ist in der äußersten Schale. Insgesamt hat ein solcher Stern bis zu sieben Schalen. Kleinere Sterne besitzen allerdings oft auch gar keine Schalen, sondern nur den Kern, in welchem Wasserstoff zu Helium fusioniert wird. Nach der Schale, in der das Wasserstoffbrennen stattfindet, oder dem Kern in welchem dies geschieht, kommt die Strahlungszone. Diese besteht aus Gas und Plasma und ist die Hülle des Sterns.

2.2 Kernfusion

Der Stern benötigt eine extreme Energiequelle, um eine so gigantische Leuchtkraft zu erlangen, wie sie zum Beispiel unsere Sonne hat. Sogar wir auf unserer Erde können aus der UV-Strahlung, die dieser Stern abgibt, Energie gewinnen. Wenn man jetzt aber bedenkt, wie viel Energie unsere Sonne dann Tag täglich abgeben muss, da sie diese ja nicht nur Lichtstrahlung, sondern auch zum Beispiel radioaktive Strahlung absondert, fragt man sich, woher sie so extrem viel Energie besitzt.

Das Geheimnis eines Sterns ist die Kernfusion. Der Stern fusioniert unter extremer Hitze und Druck mehrere Atome zu einem neuen und größeren Atom. Ein Beispiel für die Kernfusion ist das Wasserstoffbrennen. Dies hat nichts mit einem normalen chemischen Verbrennungsvorgang zu tun. Hierbei werden im Kern des Sterns, in welchem extreme Temperaturen herrschen, mehrere ionisierte Wasserstoffteilchen aufeinandertreffen. Diese Teilchen haben eine so hohe Geschwindigkeit, dass sie die elektrische Abstoßung überwinden und aufeinanderprallen. Geschieht dies mit vier Protonen, entsteht ein Heliumkern. Dieser besteht aus zwei Protonen und zwei Neutronen.

$$4 \, {}^1H \; \rightarrow \; {}^4He + \gamma$$

Jetzt herrscht aber eine Massendifferenz, da der neue Heliumkern nur 99% des Gewichtes besitzt, welche seine Ausgangsstoffe mitgebracht haben. Wie wir nach Einstein wissen, gilt aber:

$$E = mc^2$$

Somit haben wir hier 1% der Masse verloren, welche nun an Energie frei gegeben wird. Durch diesen Prozess wird eine Energie von rund 25 MeV generiert.

3. Das Ende massearmer Sterne

3.1 Braune Zwerge

Braune Zwerge sind die leichtesten Sterne, die es in unserem Universum gibt. Diese Sterne liegen unterhalb der Grenzmasse von 0,075 M $_\odot$, sie haben somit eine zu geringe Kerntemperatur um das Wasserstoffbrennen zu entzünden. Wenn ein Stern das Wasserstoffbrennen nicht entzündet, so betritt er auch nicht die Hauptreihe des Hertzsprung-Russel-Diagramms und fliegt als Brauner Zwerg durch das Universum. Er ist somit nach der obigen Definition eigentlich kein Stern.

3.2 Rote Zwerge

Die Leichtgewichte der Sterne sind Rote Zwerge und somit die leichtesten Himmelskörper, die ein eigenständiges Wasserstoffbrennen entzünden. Sie wiegen zwischen 0,075 M $_\odot$ und 0,4 M $_\odot$. Da diese Sterne so extrem leicht sind, dauert es sehr lange bis das Wasserstoffbrennen hier abbricht und der Stern erlischt. Nach aktuellen Schätzungen lebt ein solcher Roter Zwerg etwa 50 Milliarden Jahre. Dies ist länger als es nach bisherigen Erkenntnissen unser Universum gibt, somit ist es extrem schwer zu sagen was passieren wird, wenn ein solcher Stern das gesamte Wasserstoffvorkommen im Kern verbrannt hat. Im Moment gibt es nur Spekulationen und Simulationen in welchen die Endphase dieser Sterne beschrieben wird. Ich möchte diese allerdings nicht in meine Arbeit mit einbeziehen, da diese nicht wissenschaftlich gesichert sind.

3.3 Massearme Sterne

3.3.1. Das Ende der Wasserstofffusion im Kern

Bei massearmen Sternen wie unserer Sonne bildet sich durch das Wasserstoffbrennen im Kern nach einiger Zeit genug Helium, damit eine neue Schale gebildet wird. In dieser findet weiterhin die Kernfusion von H-Atomen zu He-Atomen statt. Dies nennt man das Wasserstoff-Schalenbrennen. Sterne mit dieser Masse befinden sich etwa 8 Milliarden Jahre auf der Hauptreihe, ehe sie diese verlassen. Der Sternentod massearmer Sterne läuft wie folgt ab.

Da die Wasserstofffusion bevorzugt bei hohen Temperaturen stattfindet, neigt sich der Vorrat an Wasserstoff im Kern früher, als der in der Schale. Der Strahlungsdruck des Kerns nimmt ab, das hydrostatische Gleichgewicht ist gestört und die Gravitation gewinnt mehr Einfluss auf den Kern. In der Schale wird weiterhin Helium produziert, welches dann in den Kern eindringt und somit die Masse des Kerns erhöht. Die Gravitation des Sterns übt eine enorme Kraft auf den Kern aus. Die Dichte des Kerns wird erhöht, da die Masse stetig zunimmt, aber sein Volumen unterdessen schrumpft. Aufgrund dessen steigt der *Fermi-Druck*[1] und verhindert, dass sich der Kern weiter verdichtet. Bis dato verringert sich sowohl das Volumen des Kerns, wie auch das des Sterns selber, da die äußeren Schichten dem Kern ‚folgen'. Somit erhöht sich der Druck und auch die Temperatur der Schale, in welcher das Wasserstoffbrennen stattfindet. Dies bewirkt ein Ansteigen der Fusionsrate. Der Stern erhöht nun sein Volumen erneut, wodurch die Oberflächentemperatur sinkt und die Leuchtkraft steigt.

3.3.2. Der Rote Unterriese

Der Stern wandert im Hertzsprung-Russel-Diagramm nach Verlassen der Hauptreihe nach oben rechts, da die Leuchtkraft erhöht wurde und die Temperatur gesunken ist. Diesen Weg nennt man den Unterriesenast (siehe Abbildung 2).

Abbildung 2: Entwicklungsweg eines Sternes der Masse 1 M ☉ nach Verlassen der Hauptreihe im HRD

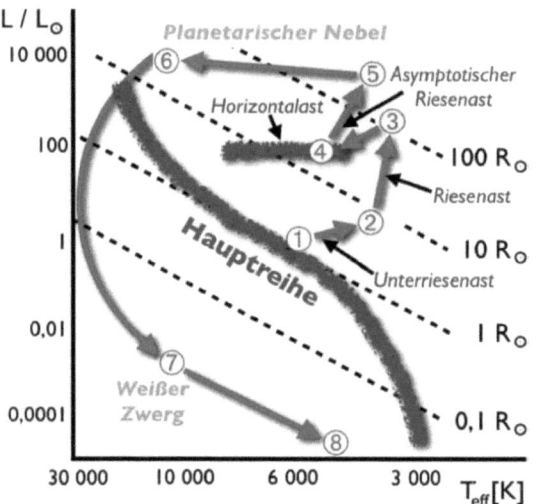

Nach der Entstehung des Sterns ist dieser auf dem Weg zur Hauptreihe schon einmal fast an derselben Stelle des Hertzsprung-Russel-Diagramms gewesen. Der Stern ist nun um einiges größer als davor und er hat eine rötliche Farbe angenommen, man spricht dann von einem Roten Unterriesen. Als Beispiel für die Veränderung kann man unsere Sonnen nehmen. Ein Stern mit vergleichbarer Masse würde in diesem Stadium seines Lebens eine Leuchtkraft besitzen, welche etwa um den Faktor 10 stärker wäre als der unserer Sonne. Die Oberflächentemperatur sinkt um ca. ein Drittel ab und fällt somit in den Bereich von 4000K. Durch mehrere Berechnungen und Simulationen fand man heraus, dass der Radius des Sterns sich dabei etwa um den Faktor sieben ausdehnt. Unsere Sonne wird dann als Roter Unterriese einen Radius von etwa 5 Mio. Kilometer haben.

Der Stern dehnt sich währenddessen immer weiter aus und die Oberflächentemperatur fällt soweit ab, dass es sogar zu Rekombinationsprozessen kommt. *„Durch das Einfangen freier Elektronen entsteht in den äußeren Schichten atomarer Wasserstoff, welcher sogar ein zusätzliches Elektron binden kann und negativ geladene Wasserstoffionen bildet."* [2] Diese Wasserstoffionen sorgen unter anderem dafür, dass die äußere Schicht des Sterns immer weniger Strahlung nach außen abgibt. Da im Inneren des Himmelskörpers aber weiterhin Strahlung entsteht, welche nicht austreten kann, erhitzt sich die Oberfläche wieder. Aufgrund des Temperaturanstieges spalten sich die zusätzlichen Elektronen der Wasserstoffionen ab und die Strahlung kann wieder entweichen. Nun sinkt die Oberflächentemperatur ab. Dieser Prozess wiederholt sich öfters und führt langsam zu einer Stabilisierung der Oberflächentemperatur.

3.3.3. Das Heliumbrennen

Das Wasserstoffschalenbrennen im Inneren des Sterns nimmt stark zu, ohne die Oberflächentemperatur wesentlich zu beeinflussen. Der Stern wird dadurch immer heller, aber verändert seine Temperatur nicht mehr wesentlich, was dazu führt, dass er im Hertzsprung-Russel-Diagramm fast senkrecht nach oben wandert. Bis dieses Phänomen eintritt, vergehen etwa 100 Millionen Jahre, in denen der Stern auf dem Unterriesenast des Hertzsprung-Russel-Diagramms verweilt. Den Weg, den der Stern im Folgendem im besagten Diagramm geht, nennt man den Riesenast. Durch das Wasserstoffbrennen gelangt weiterhin immer mehr Helium in den Kern, welcher dadurch immer dichter wird. Aufgrund der Gravitation sinkt das Volumen des Kerns weiter und die Temperatur steigt immer mehr an. Da die Leuchtkraft abhängig vom Radius des Sterns ist, muss bei einer Erhöhung der Leuchtkraft auch der Radius des Sterns vergrößern.

$$L = \Omega R^2 f$$

Bei unserer Sonne würde dies ein Ansteigen der Leuchtkraft um den Faktor 1000 bewirken. Der Radius wird 100-mal größer da gilt:

$$V = \frac{4}{3}\pi r^3$$

Somit wird das Volumen um den Faktor eine Million vergrößert. Die Außenfarbe des Sterns nimmt aufgrund der tiefen Temperatur nun die Farbe Rot an. Bis hier hin hat der Stern etwa 10-20% seiner ursprünglichen Masse zum Beispiel durch Sternenwinde, welche durch den Strahlungsdruck hervorgerufen werden, verloren.

Die Kerntemperatur ist mittlerweile auf 100 Millionen Kelvin gestiegen. Wenn der Kern diese Temperatur erreicht hat und bereits eine sehr große Menge an Heliumatomen im Kern vorhanden sind, beginnt der so genannte *3α-Prozess*. Hierbei fusionieren zwei Heliumkerne zu einem Berylliumkern. Für diese endotherme Reaktion wird eine Energiemenge von rund 90 keV benötigt.

$$2\,^4He \rightarrow\,^8Be + \gamma$$

Normalerweise würde der Berylliumkern nun wieder in zwei Heliumkerne zerfallen. Wenn aber ein weiterer Heliumkern in der Nähe ist, so kann es zu einer Anschlussreaktion kommen. Hierbei reagiert der Berylliumkern mit einem weiteren Heliumkern. Das Produkt dieser Reaktion ist dann ein Kohlenstoffatom.

$$^4He +\,^8Be \rightarrow\,^{12}C + \gamma$$

Bei dieser Fusion wird eine Energie von rund 7,4 MeV freigesetzt, aber ein Berylliumkern zerfällt innerhalb von $3 \cdot 10^{-16}s$. Bevor dies passiert, muss bereits die Reaktion beginnen, in welcher ein weiterer Heliumkern zu dem Berylliumkern hinzukommt und sich mit diesem fusioniert. Ansonsten zerfällt dieser wieder in zwei Heliumkerne. Dies ist 1000-mal wahrscheinlicher, als die Fusion zu einem Kohlenstoffatom. Dennoch werden große Mengen an Kohlenstoff in den Sternen durch den *3α-Prozess* hergestellt. Dies liegt unter anderem an der hohen Anzahl dieser Reaktionen. Die Voraussetzung für einen 3a-Prozess ist, dass der Kern zu Beginn des Prozesses ausreichend viele Heliumkerne besitzt. Kohlenstoff wird ausschließlich im inneren der Sterne produziert. Beim Urknall ist die Temperatur viel zu schnell abgekühlt, damit konnte sich kein Kohlenstoff bilden. Dieser wurde erst später in den Kernen der Sterne hergestellt.

Durch den *3α-Prozess* steigt die Kerntemperatur weiter an und dadurch entsteht ein hoher thermischer Druck. Wenn dieser größer wird als der Fermi-Druck, so wird die im Kern angestaute Energie explosionsartig nach außen weggetragen. Die äußeren Hüllen des Sterns absorbieren diese Energie nahezu vollständig. So kann man von außen nur schwer sagen, wann diese Explosion genau stattfindet. Lediglich die freigesetzten Neutrinos können dem Stern problemlos entweichen und schießen in die Außenwelt. Diese Explosion, in welcher etwa 10^8 L$_\odot$ Energie frei gegeben wird, nennt man Heliumblitz und sie dauert nur wenige Sekunden an. Anschließend verändern sich allerdings viele Eigenschaften des Sterns. Zunächst einmal breitet sich der Kern im Inneren des Sterns wieder aus. Somit nimmt Druck und Temperatur im Inneren des Kerns ab und folglich nimmt die Fusionsrate des *3α-Prozesses* stark ab. Der Rote Riese schrumpft etwa auf *10 R*$_\odot$ und die Leuchtkraft sinkt ebenfalls auf 10 L$_\odot$. Die Oberflächentemperatur steigt wieder etwas an, da sich das Volumen verkleinert hat und die Oberfläche somit wieder näher am extrem heißen Kern ist. Durch diese starken Veränderungen wandert der Stern natürlich im Hertzsprung-Russel-Diagramm. Etwa 100 000 Jahre nach dem Heliumblitz befindet sich der Stern dann auf dem Horizontalast.

Im Kern hat sich jetzt extrem viel Energie aufgebaut und so kommt es nun, wo der Stern in einem hydrostatischen Gleichgewicht ist, dazu, dass im Inneren des Sterns das Heliumbrennen gezündet wird. Hier kann man erstmals von einem stabilen Heliumbrennen reden. Es werden drei ^4He Atome zu einem ^{12}C Atom fusioniert. Durch die hierbei entstandene Energie heizt sich der Stern weiter auf.

Die frei werdende Energie kann im Kern die Herstellung von Elementen bewirken, welche noch schwerer als Kohlenstoff sind.

Durch die Fusion mit weiteren Heliumkernen, welche immer noch durch das Wasserstoffschalenbrennen nachgeliefert werden, entstehen auch die Elemente Sauerstoff, Neon, Magnesium, und Silizium. Der Heliumblitz bewirkte dabei auch den Abbau der ungleichen Druckverhältnisse im Stern. Nun da der Stern den Horizontalast erreicht hat, gleichen sich die Kräfteverhältnisse im Stern wieder aus. Der Stern hat jetzt einige hundert Millionen Jahre ähnliche Richtwerte und bewegt sich lediglich auf dem Horizontalast. Unterdessen wird das Heliumbrennen, wie wir es schon vom Wasserstoffbrennen kennen, in eine dem Kern nahe gelegene Schale verlagert, sobald die Heliumvorräte sich stark verringern. Im Kern sind nun überwiegend die Elemente ^{12}C und ^{16}O. Das Stadium, welches der Stern nun erreicht hat, nennt man das *Zwei-Schalen-Brennen*. Durch die beiden Fusionsprozesse in den Schalen wird weiterhin für materiellen Nachschub gesorgt. Somit können die Reaktionen in und um den Kern, welcher mittlerweile eine Temperatur von weit über 100 Millionen Kelvin erreicht hat, weiterhin stattfinden. Nachdem von dem Kern kein Druck mehr nach außen geht, schrumpft dieser aufgrund seiner eigenen Gravitationskraft. In den Schalen werden immer neue Atome erzeugt, welche in den Kern gelangen. Der Kern gewinnt dadurch an Masse und seine Dichte vergrößert sich. Dadurch erhöht sich auch die

Temperatur im Kern erneut und der Fermi-Druck steigt. Die Fusionsrate des Wasserstoffbrennens in der äußeren Schale nimmt in der Folge weiter zu.

3.3.4.   Der Überriese

Der Stern bläht sich wieder extrem auf. Seine Leuchtkraft nimmt um ein Vielfaches zu. Wenn wir das Beispiel unserer Sonne nehmen, so würde ihr Durchmesser dadurch etwa 400 Millionen Kilometer umfassen. Damit wäre der Radius der Sonne größer als eine astronomische Einheit und somit wäre unsere Erde zu diesem Zeitpunkt schon längst von der Sonne „verschluckt" worden.

Unsere Sonne wäre dann auf jeden Fall so groß, dass der Platz im Sonnensystem, an dem unsere Erde im Moment ist auf einer der äußeren Schichten der Sonne liegen würde. Es ist jetzt ein Überriese entstanden. Den Weg, den der Stern dabei im Hertzsprung-Russel-Diagramm hinter sich gebracht hat nennt man den Asymptotischen Riesenast. Der Stern ist in dem Diagramm ein Stück nach rechts gewandert, da sich die Temperatur des Sterns erhöht hat. Ebenso ist er nach oben gewandert, weil die Leuchtkraft um einiges verstärkt wurde.

Der Stern hat nun lediglich zwei Energiequellen übrig. Dies sind die zwei Schalen, in welchen weiterhin Kernfusionen stattfinden. Im Sterninneren herrscht unterdessen auch noch ein Strahlendruck, welcher zur Verringerung der Masse führt. Auf der Oberfläche des Sterns herrschen sehr starke Sternwinde welche viel Material abtragen. Der Abtrag des Materials wird zudem durch den großen Radius begünstigt, welcher zu einer weiteren Abnahme der Gravitationskraft führt. Ein Stern, welcher auf der Hauptreihe etwa eine vergleichbare Masse wie unsere Sonne hat, wird zu diesem Zeitpunkt nur noch etwa die Hälfte der Ursprungsmasse besitzen. Allein die Sternwinde transportieren in diesem Stadium etwa 20 bis 30% der Ausgangsmasse des Sterns ab. [3] Dies ist aber von Stern zu Stern unterschiedlich, so haben manche Sterne in diesem Stadium auch schon bis zu 90% ihrer ursprünglichen Masse verloren.

3.3.5. Das Ende des Sterns

Unterdessen läuft im Inneren des Sterns ein interessanter Zyklus ab, den man sogar von außen optisch erkennen kann. Der Stern durchlebt immer wieder hellere und dunklere Phasen. Ursache ist, dass im Inneren des Sterns das Wasserstoffschalenbrennen sowie auch das Heliumschalenbrennen einen voneinander abhängigen Kreislauf durchleben. Wenn das Heliumbrennen sehr stark ist, so dehnt sich diese Schale weit aus. Dies bewirkt eine Abnahme der Verdichtung wodurch sich die Schale wieder abkühlt. Sobald sich der Vorrat an Helium verringert, zieht sich der Stern wieder zusammen. Dadurch erhöht sich der Druck auf die Schale, in der das Wasserstoffbrennen stattfindet und somit auch die Temperatur. Wenn sich Druck und Temperatur erhöhen, so wird die Kernfusion wieder angeregt und die Fusionsrate erhöht sich. Es wird erneut Helium für das Heliumbrennen gebildet, was wiederum eine Steigerung der Fusionsrate bewirkt. Auch die angeregte Wasserstofffusion führt zu einer Ausdehnung der Schale und einem Verlust an Temperatur. Wie auch schon beim Heliumbrennen sinkt dadurch die Produktivität der Schale. Unterdessen wird aber durch den gesteigerten Druck auf die Schale, in welcher das Heliumbrennen stattfindet, wieder Temperatur und folglich auch die Fusionsrate von Helium erhöht. Solch ein Zyklus dauert etwa 10 000 bis 100 000 Jahre.

Nachdem dieser Kreislauf etwa ein Dutzend Mal von statten ging, besteht der Stern meist lediglich aus den beiden Brennschalen und dem Kern, welcher sich immer mehr zusammenzieht. Die Leuchtkraft des Sterns nimmt deswegen immer mehr zu, da der Kern extrem viel Strahlung, vor allem Licht absondert. Nun ist der sogenannte *Planetarische Nebel* zu sehen. Das sind die vom Kern abgestoßenen Hüllen aus Plasma, sowie auch aus Gas (siehe Abbildung 3).

Ein Planetarischer Nebel ist aber nur etwa 50 000 Jahre zu sehen, da sich das Gas danach soweit verteilt hat, dass es für das menschliche Auge nicht mehr erkennbar ist. Der Durchmesser eines solchen Gemisches aus Wasserstoff, Helium und Kohlenstoff beträgt etwa ein Lichtjahr.

Nachdem der Planetarische Nebel nicht mehr für uns sichtbar ist, hat der Stern seinen gesamten Vorrat an Wasserstoff und Helium fusioniert. Er hat dann auch diese beiden letzten Schalen noch von seinem Kern abgeworfen. Der Stern besteht nun zum Großteil aus Kohlenstoff und Sauerstoff. Dadurch erreicht er eine Masse von etwa 0,5 $M_\odot$.

Der Stern hat jetzt die Gestalt eines Weißen Zwerges angenommen, seine

Oberflächentemperatur hat sich immer weiter erhöht, während die Leuchtkraft keine nennenswerte Änderung erlebt hat. Im Hertzsprung-Russel-Diagramm wandert der Stern nun extrem weit nach unten. Er besteht aus einem Kohlenstoffkern, einem Heliummantel sowie einer Wasserstoffoberfläche. Dieser Himmelskörper hat eine sehr hohe Dichte, da der Radius ähnlich groß ist, wie der unserer Erde, aber die Masse dem rund $1,952 \times 10^{48}$ -fachen der Erde entspricht. Da der Stern aber keine Energiequelle mehr besitz, kühlt er langsam aber stetig ab. Sobald er eine Oberflächentemperatur von etwa 4 000 Kelvin erreicht hat, wird er zum Roten Zwerg. Der Stern kühlt aber noch weiter ab und wird schließlich zu einem Schwarzen Zwerg. Das ist ein schwarzer Brocken, der durch die Galaxis treibt.

3.4 Sterne mittlerer Masse

Sterne mittlerer Masse umfassen einen Gewichtsbereich von etwa 3 M$_\odot$ bis 8 M$_\odot$. Diese Sterne gehen einen sehr ähnlichen Weg, wie die massearmen Sterne. Sie durchlaufen die Phasen allerdings in weitaus kürzeren Zeitabschnitten. Vorweg kann man aber schon einmal sagen, dass sie ebenfalls als Weiße Zwerge enden werden.

Ein Stern mittlerer Masse verbringt nicht, wie zum Beispiel unsere Sonne mehrere Milliarden Jahre auf der Hauptreihe, sondern wird diese bereits nach mehreren Millionen Jahren verlassen. Man nimmt an, dass die durchschnittliche Verweildauer unter 100 Millionen Jahren beträgt. Sobald er die Hauptreihe verlässt, verlagert sich das Wasserstoffbrennen ebenfalls in eine dem Kern nahegelegene Schale. Dadurch verringert sich auch hier das Volumen des Kerns, wobei die Hülle des Sterns sich hier aber nicht dieser Bewegung anschließt, sondern sich entgegengesetzt ausbreitet. Somit ist hier bereits drei Millionen Jahre nach dem Verlassen der Hauptreihe ein Roter Riese entstanden. Die Oberflächentemperatur verringert sich nach der Expansion um bis zu zwei Drittel.

Der Kern hat nun eine Temperatur von über 100 Millionen Kelvin erreicht, was dazu führt, dass das Heliumbrennen wieder gezündet wird. Bei Sternen dieser Gewichtsklasse benötigt es hierfür keinen Heliumblitz, da der Stern aufgrund der Masse eine sehr viel größere Energie besitzt. Der Stern verbrennt nun noch etwa 11 Millionen weitere Jahre sein Helium, bis es zu einem Ende der Kernfusion im innersten des Sterns kommt. Während des Heliumbrennens vervielfacht sich die Leuchtkraft des Sterns bis sie etwa 1000 L$_\odot$ entspricht.

In dieser Zeit ist der Stern in der so genannten Instabilitätslücke. Das bedeutet, er hat gewisse Schwankungen in der Temperatur und der Leuchtkraft. Deswegen bewegt er sich währenddessen in einer Art Schleifenbewegung im Hertzsprung-Russel-Diagramm. Die Sterne nennt man in dieser Phase Cepheiden. Sie sind den RR-Lyrae-Sternen sehr ähnlich, sind aber massereicher und leuchtkräftiger als diese. Sterne der mittleren Masse durchlaufen diese Instabilitätsphase zwei Mal.

Nachdem der Stern das gesamte Helium im Kern fusioniert hat, werden die Kernfusionen wieder in die dem Kern nahegelegene Schalen verlagert. Dort fusionieren sie weitere 10 Millionen Jahre chemische Elemente. Das Volumen des Kerns schrumpft unterdessen weiter und die Dichte des Kerns erhöht sich. Die Schale, in der Helium fusioniert wird, vergrößert sich. Dadurch gerät das Wasserstoffbrennen immer mehr in den Hintergrund und erlischt schließlich. Der Stern expandiert sowohl sein Volumen, wie auch seine Leuchtkraft. Er wird zum Überriesen und sobald die thermischen Pulse einsetzen wird der Stern seine Schalen abwerfen und letztendlich als Weißer Zwerg enden.

4. Das Ende massereicher Sterne

4.1 Fusionsprozesse eines massereichen Sterns

Bei dem Sterbeprozess eines Sterns mit mehr als 8 M $_\odot$ entstehen auch alle chemischen Elemente die es jetzt auf unsere Erde gibt und die bisher noch nicht erwähnt wurden. Also jedes Element, welches schwerer ist als Eisen.

Zunächst ist der Lebensverlauf eines Massereichen Sterns nicht entscheidend anders, als der den wir bisher kennen gelernt haben. Lediglich die Dauer der einzelnen Prozesse ist um einiges kürzer, da die Masse entsprechend größer ist. Bei einem Stern mit einer Masse von 25 M $_\odot$ ist der Heliumvorrat nach etwa 10 Millionen Jahren aufgebraucht, davon verbringt er 2,5 Millionen Jahre auf der Hauptreihe.

Sobald der Heliumvorrat aufgebraucht ist, zündet der Stern im Inneren das Kohlenstoffbrennen. Hierbei werden zwei Kohlenstoffatome miteinander fusioniert. Dabei kann entweder Magnesium, Natrium, Neon oder Sauerstoff entstehen. Es reagieren also immer zwei ^{12}C Atome miteinander.

$$2\,^{12}C \rightarrow\,^{24}Mg + \gamma$$
$$2\,^{12}C \rightarrow\,^{23}Mg + n$$
$$2\,^{12}C \rightarrow\,^{23}Na +\,^{1}H$$
$$2\,^{12}C \rightarrow\,^{20}Ne +\,^{4}He$$
$$2\,^{12}C \rightarrow\,^{16}O + 2\,^{4}He$$

Die Fusionen von zwei Kohlenstoffatomen, bei denen ^{12}O oder ^{23}Mg entsteht entziehen dem Stern allerdings mehr Energie als sie freisetzen. Diese Reaktionen sind endotherm.

Allerdings ist die Reaktion, bei der ^{23}Mg hergestellt wird die erste, bei der Neutronen n entstehen. Es entsteht also beim Kohlenstoffbrennen auch wieder Helium, welches im Schalenbrennen zum Beispiel erneut zu Kohlenstoff fusionieren kann. Sobald der Vorrat an ^{12}C Atomen im Kern erlischt ist, wandert diese Fusion wieder in eine äußere Schale und bekommt dort wieder Nachschub durch das Heliumschalenbrennen. Bis dies eintritt vergehen bei einem Stern von 25 M $_\odot$ nur etwa 300 Jahre.

Das Volumen des Kerns nimmt wieder ab, da der Strahlungsdruck im Inneren dem Gravitationsdruck von außen nicht mehr effektiv entgegenwirken kann. Die Dichte im Kern nimmt zu und die Temperatur erhöht sich dadurch auf 1,2 Milliarden Kelvin.

Durch diese hohe Temperatur wird das Neonbrennen entzündet. Beim Neonbrennen werden aber nicht zwei *Ne* Atome fusioniert, sondern es wird mehr Magnesium produziert, da jeweils ein Ne- und ein He-Atom miteinander reagieren. Diese Reaktion nennt man eine Einfangreaktion. Die Photonen haben mittlerweile ein enormes Energielevel erreicht und spalten Neon teilweise wieder in Sauerstoff und Helium auf, was man Photodesintegration nennt. Das Neonbrennen hält lediglich etwa 10 Jahre an, bis es sich ebenfalls in eine Schale verlagert.

Der Aufbau des Sterns sieht nun folgendermaßen aus:

Von innen nach außen ist dort zuerst der Kern, in welchem das Sauerstoffbrennen gezündet wird. Dann kommen die vier Schalen, in denen weiterhin Kernfusionen stattfinden. Die innerste Schale ist die des Neonbrennens, dann kommt das Kohlenstoffbrennen, gefolgt vom Helium- und Wasserstoffbrennen. Das Sauerstoffbrennen benötigt eine Kerntemperatur von mindestens 1,8 Milliarden Kelvin. Es ist die vorletzte Stufe der Kernfusion in einem massereichen Stern. Hierbei reagieren zwei Sauerstoffatome zu Schwefel, Phosphor, Silizium oder Magnesium. Sehr bedeutend ist hierbei das Produkt Silizium.

$$2 \ ^{16}O \rightarrow \ ^{28}Si + \ ^{4}He$$

Denn sobald der Kern eine Temperatur von 5 Milliarden Kelvin erreicht hat, wird der letzte Fusionsprozess entzündet. Durch das Siliziumbrennen wird ^{56}Fe Eisen hergestellt und es dauert weniger als einen Tag, bis dieses wieder erlischt.

$$2 \ ^{28}Si \rightarrow \ ^{56}Ni + \gamma$$
$$^{56}Ni \rightarrow \ ^{56}Co + e^{+} + \nu_{e}$$
$$^{56}Co \rightarrow \ ^{56}Fe + e^{+} + \nu_{e}$$

Hier ist der Verlauf dargestellt, wie sich durch den β^{+}-Zerfall ein Positron, sowie ein Elektron-Neutrino vom Atom absetzen. So wird dann aus Nickel zunächst Kobalt und schließlich Eisen. Es gibt auch noch einige andere Prozesse im Stern, bei denen Eisen entsteht, auf diese will ich aber hier nicht genauer eingehen.

Sobald ein Eisenkern entstanden ist, gibt es im Kern keine weitere Fusion mehr, da Eisen die höchste Bindungsenergie pro Kernbaustein besitzt und alle weiteren Fusionen endotherm wären.

4.2 Die Explosion des Sterns

Nun ist der Stern zu einem Roten Überriesen herangewachsen. In dessen Zentrum steht ein massiver Nickel-Eisenkern, welcher von sechs Brennschalen ummantelt ist. Diese wiederum sind von der äußeren Hülle des Sterns umgeben. Der Radius eines solchen Sterns beträgt etwa 1000 R $_\odot$ und eine Oberflächentemperatur von rund 4000 Kelvin. Im Kern selbst findet zu diesem Zeitpunkt bereits keine Kernfusion von Atomen mehr statt. Durch die Kernfusion bildet sich ein Strahlungsdruck, welcher der Gravitationskraft entgegenwirkt.

Da diese ausbleibt, verdichtet sich der Kern bei Massereicheren Sternen hier noch mehr, als bei masseärmeren. Der Kern schrumpft nun, während immer mehr Eisenatome aufgrund des Siliziumschalenbrennens in den Kern gelangen. Das Zentrum des Sterns wird extrem an Dichte zunehmen. Bei einer Dichte von 10^6 kg/cm^{-3} setzt der inverse β-Zerfall ein. Hierbei treffen Protonen auf Elektronen. Dabei entstehen dann ein Neutron und ein Elektron-Neutrino. Bei diesem Neutronisierungs-Prozess bleiben alle Neutronen im Kern, wohingegen 95% der Neutrinos ungehindert aus dem Stern schießen. Dadurch wird dem Kern enorm viel Energie entzogen, was sich durch Abkühlung und weitere Verdichtung bemerkbar macht. Durch diesen Zerfall baut sich der Fermi-Druck immer weiter ab, was zur Folge hat, dass der Kern sich aufgrund seiner eigenen Schwerkraft immer weiter verdichtet.

Dies geschieht solange bis der Kern kollabiert. Die Schwerkraft des Kerns ist so stark, dass der Stern einbricht und die Brennschalen auf den Neutronenkern hinabstürzen. Durch den Aufprall verdichtet sich der Kern erneut, wodurch enorme Druckwellen entstehen.

Als erstes bewegen sich die Neutrinos zusammen mit den Druckwellen weg vom Kern. Anschließend dehnt sich die stark aufgeheizte Gasmasse aus und entfernt sich vom Neutronenkern. Wenn diese Masse die Sternoberfläche erreicht kommt es zu der größten vorstellbaren Explosion, einer sogenannten Supernova. Die Überreste des Sterns werden mit 10000 km/s^{-1} vom Kern weggeschleudert. Berechnungen von „Lesch und Müller 2011" zur Folge wäre die Energie der Druckwelle nicht groß genug um die Materie aus dem Stern zu drücken. Dies ist nur möglich, da die Neutrinos, welche bei der Druckwelle mitfliegen, extrem viel Energie mit sich bringen. Diese Energie wird an die äußere Schicht des Sterns abgeben, welche sich dadurch so erhitzt, dass der Stern letztendlich explodiert. 99% der Energie einer Supernova geht in die Neutrinos, 0,99% in kinetische Energie, welche die Materie wegschleudert und lediglich 0,01% geht in die Leuchtkraft des Sterns über.[4] Bei einer solchen Supernova entsteht am Ende ein Neutronenstern (siehe Abbildung 4). Bei einer

Ausgangsmasse von etwa 25 M $_\odot$ bleibt dann noch ein Himmelskörper übrig, der ungefähr so viel wiegt wie unsere Sonne, aber nur noch einen Durchmesser von rund 50 km misst. Der Aufbau solcher Sterne ist bisher nicht genau bekannt. Die hier beschriebene Supernova nennt man auch Kernkollaps- oder hydrodynamische Supernova (siehe Abbildung 5). Bei solch einer Explosion finden unter anderem auch noch viele Kernfusionen statt, welche davor im Stern nicht angeregt wurden, da sie endotherm sind. Alle Elemente bis heute bekannten Elemente mit einer Ordnungszahl von mehr als 56 sind bei Sternexplosionen entstanden.

4.3 Die Entstehung Schwarzer Löcher

Falls die Masse des ursprünglichen Sterns über 25 M $_\odot$ liegt, so kann es sein, dass die Masse des neu entstehenden Neutronensterns über 3 M $_\odot$ liegen würde. Bei Überschreiten einer Masse von 3 M $_\odot$ und einem Radius von nur ca. 50 km kann der Fermi-Druck dem nicht mehr standhalten und der Stern kollabiert zu einem stellaren Schwarzen Loch. Dann ist der Ablauf bis zur Supernova nahezu identisch, nur mit dem Unterschied, dass am Ende ein stellares Schwarzes Loch entsteht. Hierbei wird eine so extrem hohe Masse auf einen Punkt komprimiert und eine derart große Schwerkraft erzeugt, dass diese selbst Licht verschlingt.

5. Was bringt die Zukunft?

Es ist sicher spannend, zu welchen Erkenntnissen die Wissenschaft in diesem Bereich noch kommen wird. Bisher ist die Endphase eines Sternes, welcher mehr als 100 M $_\odot$ wiegt noch nahezu unerforscht. Auch der Aufbau von Neutronen-sternen ist noch nicht endgültig geklärt. Mit Gewissheit müssen wir und auch unsere Kinder noch keine Angst haben vor dem Tod unserer Sonne. Die Erde wird zwar früher oder später von der Sonne zerstört werden, aber es dauert nach heutigem Stand der Wissenschaft noch etwa dreieinhalb Milliarden Jahre bis unsere Sonne in die Endphase ihres Lebens kommt.

Anhang

6. Quellen

6.1 Hauptquellen:

Das Leben der Sterne Teil III
Leben und Sterben der Sterne

6.2 Zitate:

1. https://www.spektrum.de/astrowissen/lexdt_s08.html#star
2. Das Leben der Sterne Teil III Seite 6 Zeile 29-31
3. vgl. Das Leben der Sterne Teil III S. 10 Z. 13ff
4. vgl. Das Leben der Sterne Teil III S. 18 Z. 28ff

6.3 Bildquellen:

Abbildung 1
Der neue Kosmos Einführung in die Astronomie und Astrophysik Seite 299

Abbildung 2
Das Leben der Sterne Teil III Seite 7

Abbildung 3
http://www.sternwarte-eberfing.de/Fuehrung/Objekbeschreibung/planatarische%20Nebel.html

Abbildung 4
https://www.redshift-live.com/de/magazine/articles/Astronomie/19892-Neues_Modell_l%C3%B6st_langj%C3%A4hriges_R%C3%A4tsel-1.html

Abbildung 5
https://en.wikipedia.org/wiki/Supernova#/media/File:Keplers_supernova.jpg

Abbildung 6
Das Leben der Sterne Teil III Seite

Abbildung 3: Krebsnebel

Abbildung 4: Neutronenstern

Abbildung 5: Supernova

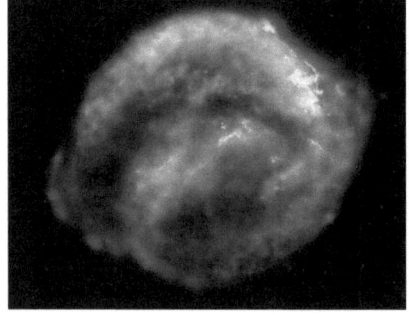

Abbildung 6 Endphasen im Überblick

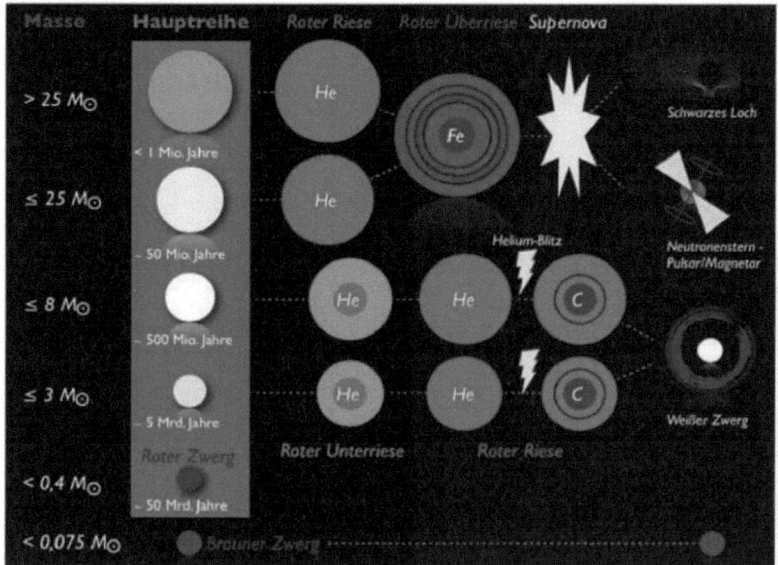

7. Fachbegriffe

7.1 Fermi-Druck

„Benannt nach dem italienischen Physiker Enrico Fermi (1901-1954) und basierend auf dem *Pauli'schen Ausschließungsprinziep*, gemäß dem zwei Fermionen mit unterschiedlichem Spin nicht dasselbe Energieniveau besetzen können."
Der Druck entsteht, da sehr viele Elektronen im Kern sind und jedes Elektron versucht seinen eigenen Platz einzunehmen. Es sind aber zu viele, und somit baut sich ein Druck auf, der nach außen wirkt.
Das Leben der Sterne Teil III Seite 6.